我们赶海去

刘毅 林俊卿 著　林俊卿 绘

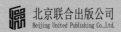

北京联合出版公司
Beijing United Publishing Co.,Ltd.

目 录

6　**第1回**　疯狂的钻木机——船蛆

12　**第2回**　危害红树林的团水虱

17　**第3回**　爱自残的海参家族

23　**第4回**　这个杀手有点美

30　**第5回**　慢吞吞的海星

36　**第6回**　长满蛇尾的海星？

42　**第7回**　黑脸琵鹭的九九八十一难

51　**第8回**　爱吃昆虫的牛背鹭

56　**第9回**　等到天荒地老的苍鹭

62　**第10回**　普通翠鸟的捕鱼之道

68　**第 11 回**　中杓鹬大战蟹无敌

74　**第 12 回**　白头鹤的少年白发

80　**第 13 回**　遗失海面的明月——海月

86　**第 14 回**　从"脑壳"拉屄屄的象牙贝

92　**第 15 回**　"明星贝类"的第一之争

99　**第 16 回**　画个圈圈诅咒你

105　**第 17 回**　海陆通吃的海陆蛙

110　**第 18 回**　章鱼、乌贼，还是鱿鱼？
　　　　　　　傻傻分不清楚……

117　**第 19 回**　章鱼的十八般武艺

124　**第 20 回**　爱捡垃圾的缀壳螺

130 **第 21 回** 海胆的变装舞会！

136 **第 22 回** 海底的鹅毛笔森林

142 **第 23 回** 眼睛搬家的木叶鲽

147 **第 24 回** 河豚知多少？

153 **第 25 回** 鲍鱼的那些事儿

160 **第 26 回** 跳个海草舞庆国庆

166 **物种小档案**

175 **作者有话说**

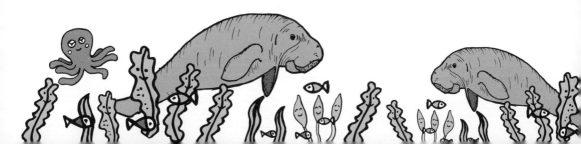

第 1 回
疯狂的钻木机——船蛆

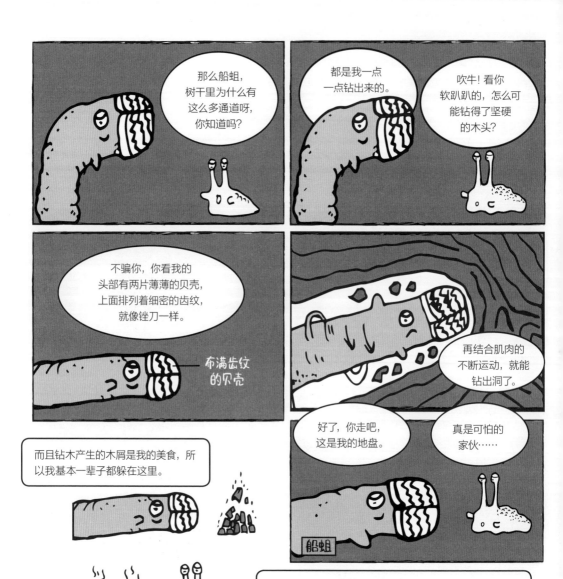

刘博士大讲堂

船蛆并非虫子，而是双壳纲船蛆科的贝类。有好几种船蛆生活在红树植物树干中，常常把树干钻得千疮百孔。

我的杰作

船蛆和红树植物朽木

船蛆前端有两片薄薄的白色贝壳，上面分布着细密的齿纹，就像锉刀一样，钻木全靠它了。尾端有两根管子，当它钻进木头时，管子便伸出孔外，一根用来摄食和呼吸，另一根用来排泄废物和生殖。

用于吃饭和呼吸的管子

铠，用于防御

两片布满齿纹的白色贝壳

用于排泄和生殖的管子

在船蛆尾端还有一对石灰质的特殊保护装置，称为铠，形似小铲子。遇到环境不适应或敌害侵犯的时候，铠就急速伸出，将出入的洞口堵住，这样船蛆就安全了。

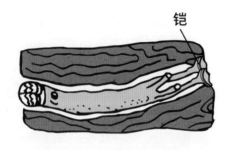

铠

船蛆在木头里钻洞时，身体能分泌石灰质包裹在肉体外侧，形成石灰管，一方面起保护作用，另一方面减少运动过程中肌肉与木材的摩擦。

石灰管

可以说，船蛆的身体构造就是为钻木而生的，且繁殖力超强。船蛆很早就被人们视为有害生物，尤其在大航海时代，船蛆对木船造成了严重的破坏。

受船蛆侵蚀后毁坏的木船

虽然船蛆严重危害人类的生命财产安全，但据说开挖隧道的盾构机就是受船蛆一边钻孔前进一边分泌石灰质保护自己这一行为的启发而发明的。

盾构机

所以，凡事都可能有利有弊，更别提船蛆还是难得的美食呢。刘博士在菲律宾考察红树林时，就在红树植物的朽木中发现过船蛆，然后生吃过几条，味道有点像竹蛏。

不过考虑到食品安全，生吃的时候可以蘸点醋或芥末杀杀菌。

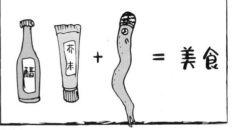

本回就说到这儿，"蟹蟹"收看！

哇！

刘博士生吃船蛆现场

第 2 回
危害红树林的团水虱

刘博士大讲堂

团水虱是生活在潮间带暖水海域的一类海洋钻孔动物，在全球红树林区广泛分布，会伤害红树植物的树干和气生根。

团水虱隶属于节肢动物门软甲纲等足目。雌虫产卵时，将卵包在母体胸部的育卵囊中孵化，由于保护周密，团水虱子一代的孵化率高，繁殖期长，一年可以繁殖数次。

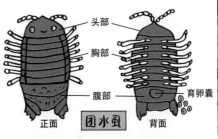

雌虫所产幼虫可在母体穿凿的孔洞中继续打孔形成新的孔洞，进一步掏空红树植物，或是迁移到别处继续产生危害。

团水虱是滤食性生物，摄食包括浮游生物、有机碎屑和细菌等。它们的体内含有纤维素酶，有利于钻蛀木质孔洞。

浮游生物

团水虱不但对红树林具有毁灭性的破坏力，还会加速海岸侵蚀，是海洋污损治理的重要对象。2012 年 8 月，海南东寨港红树林保护区团水虱大爆发，大片红树林受害死亡。

造成团水虱大爆发的主要原因有水体富营养化导致浮游生物的增长、人类生产活动导致底栖生物天敌的锐减等。食物来源变多、天敌变少，团水虱的数量就可以迅速增长，从而危害红树林。

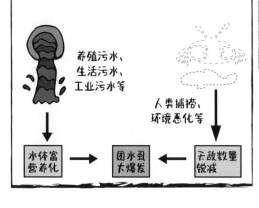

养殖污水、生活污水、工业污水等

人类捕捞、环境恶化等

水体富营养化 → 团水虱大爆发 ← 天敌数量锐减

因团水虱大爆发成片倒伏的红树植物

刘劼伶 供图

可见，导致团水虱大爆发的根本原因是生态系统的破坏，在此，刘博士再次呼吁大家一定要爱护好我们的生态环境。

本回就说到这儿，"蟹蟹"收看！

第 3 回
爱自残的海参家族

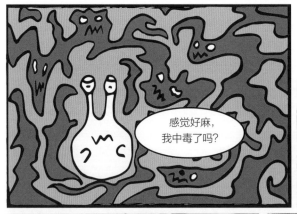

感觉好麻，我中毒了吗？

时间一分一秒地过去了……

我是谁？我在哪儿？我在干吗？

喂喂，快醒醒！

便便居然开口说话了……

我才不是便便！我是黑海参，你被我分泌的液体麻痹了。

黑海参

你为什么要麻痹我？

谁让你拿棍子捅我，我是在自我保护。

我们海参家族，虽然没什么战斗力，但自我保护还是有一套的，比如它们。

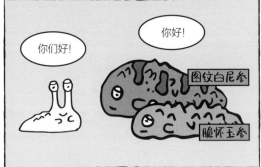

你们好！

你好！

图纹白尼参

脆怀玉参

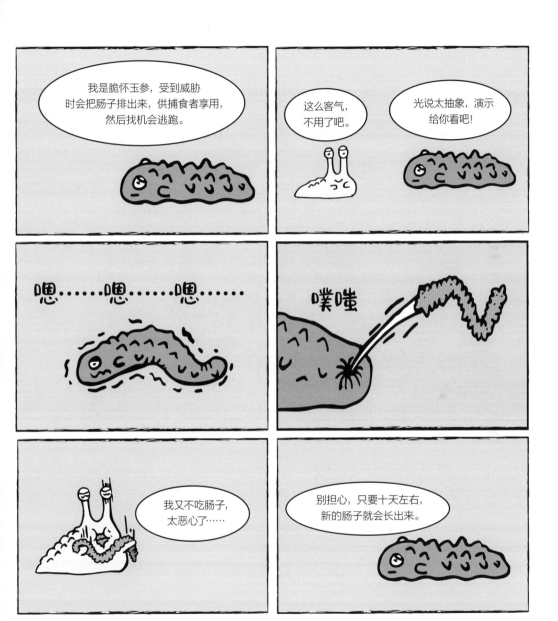

刘博士大讲堂

右图这条黏丝的黏性不亚于502胶，别问我为什么知道，因为刘博士我也被粘过，哈哈哈……

图纹白尼参喷射出的黏丝

图纹白尼参

由于身体柔软且行动缓慢，海参家族很容易成为被攻击和捕食的对象。

为了生存，海参家族"研发"出了"麻醉防御术""吐丝缠敌术""吐肠逃跑术"等。

而且黑海参还有一项特殊的生殖方式——断裂生殖。

它们先将头抬起，然后扭转两圈，再把头尾分离，只需半个月左右，原本分离的头尾便会成为两只完整的黑海参。

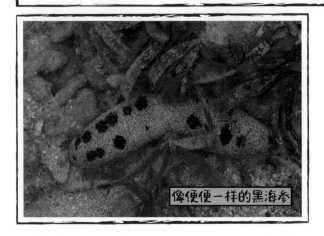

像便便一样的黑海参

本回就说到这儿，"蟹蟹"收看！

第 4 回
这个杀手有点美

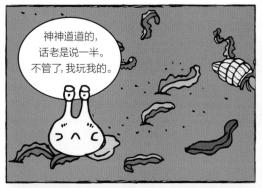

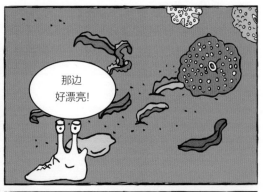

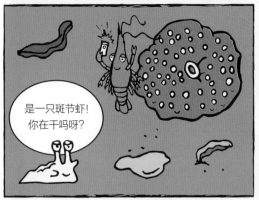

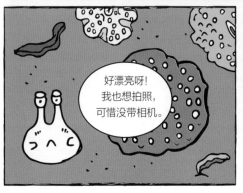

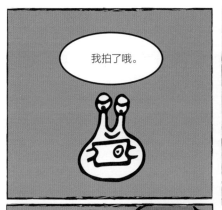

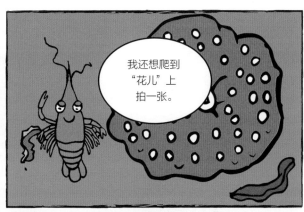

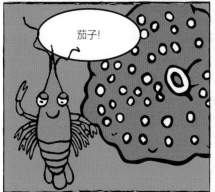

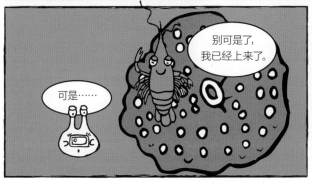

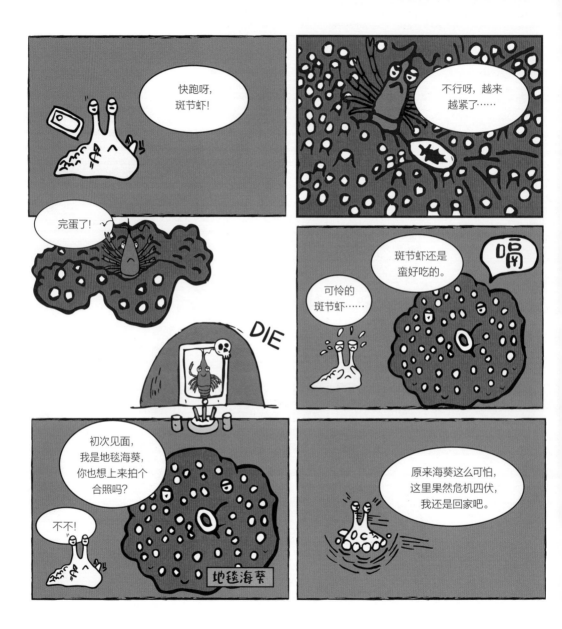

刘博士大讲堂

地毯海葵是一种大型海葵，身上布满触手，像铺开的地毯，边缘略卷曲，呈波浪状。在潮间带、海草床、珊瑚礁等区域均有分布。

地毯海葵

地毯海葵非常爱美，"着装"颜色众多，有黄的、绿的、红的、白的，等等。这是因为地毯海葵中有许多共生藻，不同的共生藻呈现出不同的颜色，因而地毯海葵的不同个体颜色也有差异。

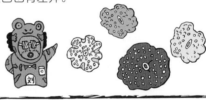

地毯海葵

海葵是珊瑚的远亲，它们都是腔肠动物。所以虽然地毯海葵看起来像是开在水里的花，但其实它们是动物，而不是植物哦。

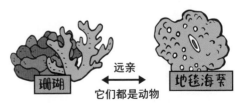

珊瑚 ←远亲→ 地毯海葵
它们都是动物

地毯海葵日常的营养需求大部分靠共生菌的光合作用来提供，但是它们也会捕食小鱼、小虾和一些贝类等。

共生菌的光合作用

地毯海葵看起来柔弱无力，它们捕捉猎物的秘诀在于身上的触须。触须里的刺细胞可以把毒素注入猎物体内，使猎物中毒麻痹甚至瘫痪，然后它们通过外展呈盘状的身体将猎物包裹，并通过肌肉的运动以及触须的配合，逐渐将其移到口中。

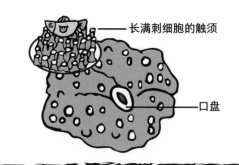

—— 长满刺细胞的触须

口盘

地毯海葵的口盘有各种颜色，有些是深红色，有些是暗黄色，有些则是灰白色，看起来像是涂了不同颜色的口红，很有质感。

原来和我一样都是口红爱好者

地毯海葵的口盘

地毯海葵的口盘

地毯海葵是固着生活的生物，也就是一生都在一个地方待着不动。相较于其他长触须的海葵，地毯海葵的触须粗而短，因而能伸展的空间有限，捕食猎物基本上靠的是守株待兔，也就是看天意。

"大长腿"海葵

"小短腿"地毯海葵

这么看来海葵们（尤其是"小短腿"的地毯海葵）的生活相当艰难。但海葵也有自己的应对办法。比如和小丑鱼结成互利共生的关系，或者让螃蟹、寄居蟹背着行走天涯以获取更多的食物，等等。

最后刘博士提醒大家：在潮间带，海葵是一类比较危险的动物。当遇到外界刺激时，它们会迅速将触须回缩，此外基盘处的肌肉也快速收缩，变成一个小肉球，同时陆续喷出小水柱。海葵喷出来的水可能含有刺细胞和海葵毒素，对肉眼有不同程度的刺激，严重时会灼伤眼睛甚至导致失明。因此，观察海葵或逗海葵时，脸不能靠得太近。

危险！！

不要太靠近哦！！！

第 5 回
慢吞吞的海星

我还以为你是植物呢，好像都没见你移动过。

哈哈，因为我总是慢吞吞的，不仔细看的话，很难察觉哦。

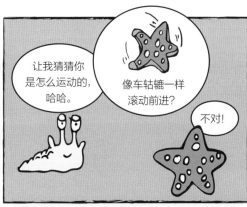

让我猜猜你是怎么运动的，哈哈。

像车轱辘一样滚动前进？

不对！

那是翻跟头前进的吗？

那和我的行走方式差不多嘛。

不对！其实我是平行移动的。

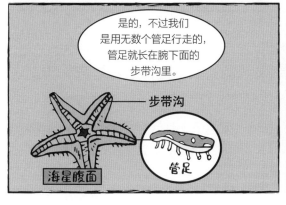

是的，不过我们是用无数个管足行走的，管足就长在腕下面的步带沟里。

步带沟

海星腹面

管足

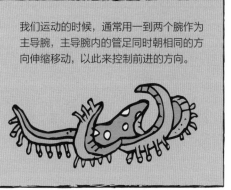

我们运动的时候，通常用一到两个腕作为主导腕，主导腕内的管足同时朝相同的方向伸缩移动，以此来控制前进的方向。

刘博士大讲堂

大家对于海星可能并不陌生，但有些小伙伴对它有一些误解。

误解一：海星是植物吧？

因海星多为五角星形状，颜色又丰富多彩，看上去也没有眼睛，所以有些小伙伴会觉得它是一种海洋植物。

其实海星是正儿八经的动物，是一种棘皮动物。正常情况下海星有5个腕，但也有海星有4个、6个甚至更多的腕，像海盘车海星就有24个腕。

海盘车海星

中华五角海星

海星体表有突出的棘、瘤或疣等附属物。海星的嘴在腹面步带沟的交会处，步带沟上则布满了无数的管足。

步带沟

嘴

管足

海星腹面

中华五角海星

中华五角海星

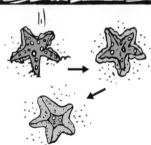

对海星来说，管足是极其重要的。有了管足，海星可以缓慢地移动，吸附在岩石上。遇到危险的时候还可以就地挖沙隐藏自己，整个过程就像石沉大海一样，直直地陷入沙子里。

误解二：海星这么温柔，是吃素的吧？

其实大部分海星是肉食动物，有些海星以贝类、螃蟹等甲壳类动物为食。

当海星靠近猎物时，会用管足将猎物包住，然后把自己的胃从口中吐出来，将胃中的消化酶迅速释放到猎物身上，把猎物溶解后再吸食进去。

如果猎物是贝类，海星就会把身体固定在贝壳上方，用两腕把贝壳吸住，利用管足吸盘的作用，将壳硬拉开来。然后将胃从口中吐出，插到贝壳内部，溶解贝肉，最后用胃包裹食物吸入口内。

胃

另外值得一提的是，海星的再生能力很强，腕断后不久就能长出来，而断掉的腕也可以长成一个全新的个体。

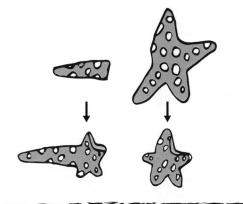

本回就说到这儿，"蟹蟹"收看！

第 6 回
长满蛇尾的海星?

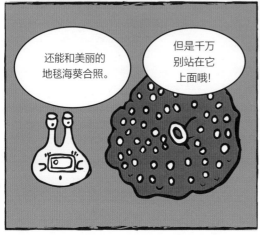

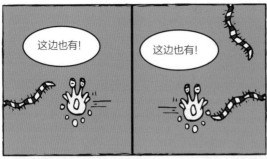

海蛇尾

刘博士大讲堂

海蛇尾是棘皮动物中种类最多的一族，有 2000 多种。

海蛇尾

海蛇尾分布较广，从潮间带到深海都有它们的踪迹，在沙质、石质的海床和珊瑚礁环境中最为常见。

海蛇尾长得像苗条版的海星，正常情况下，海蛇尾有 5 个细长的腕，就像从身体上长出了 5 条海蛇的尾巴。也有些种类的海蛇尾有 6 个甚至更多个腕。

海星+蛇尾

比如筐蛇尾科的种类，它们的腕足有非常复杂的分支，看起来很像美杜莎的头。

海蛇尾

相比于海星，海蛇尾行动迅速，这全归功于它们灵活的腕。海蛇尾可以利用多个腕之间的交替配合快速爬行。有些海蛇尾的腕上布满细小的腕棘，这有助于它们攀爬岩石。

海蛇尾以海中的有机碎屑为食，有些种类则以食腐为主。它们的嘴长在腹面中间，没有眼睛，但是却能"看清"周围的世界。这个秘密科学家还在研究中。

嘴

海蛇尾还有一个特殊的能力，在遇到危险时，它们可以断腕求生。它们的再生能力很强，即使断腕，在一段时间后也可以重新长出新腕，断掉的腕甚至能长成一个新的个体，简直就是不死之身。

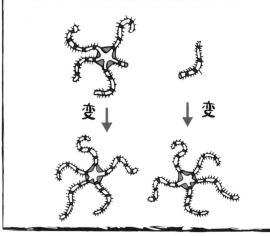

变

变

本回就说到这儿，"蟹蟹"收看！

海蛇尾

第 7 回
黑脸琵鹭的九九八十一难

又抓到一只!

啊!……啊!……

就这样,石小黄一直在旁边看小黑皮抓鱼,3个小时就过去了……

好饱!

嗝!

我说小黑皮,你一下吃这么多,不怕长胖啊?

我们是候鸟,从遥远的北方飞过来,这里是一个停歇点,补充好体力后还要飞往更南的地方越冬。

长途飞行对我们来说又危险又累,当然要多吃点啦。

刘博士大讲堂

黑脸琵鹭是国家一级保护动物。目前全球种群数量约 5200 只，属濒危物种。

黑脸琵鹭

虹膜
黄色斑块

因为长着一个像琵琶一样的黑色长嘴巴，所以被叫作黑脸琵鹭。它的虹膜呈深红色，眼下有一抹黄色的斑块。

黑脸琵鹭

罗理想 供图

黑脸琵鹭举止稳重，觅食时嘴巴在浅水中左右搜索，不慌不忙；飞行时，脖子伸直，双脚也是笔直的，体态十分优雅。

黑脸琵鹭属于候鸟，在我国，它们每年都要长途跋涉几千公里，从北方飞往温暖的南方过冬，来年再飞回去。

繁殖羽

繁殖羽

5月

每年大概 5 月左右，黑脸琵鹭的后脑勺会长出特别的繁殖羽，这时候它们就开始寻找伴侣，准备抚育黑脸琵鹭小宝宝。

然后它们开始筑巢，以便保护出生的小宝宝。它们的巢穴一般选在峭壁等相对安全的地方。

刚出生的黑脸琵鹭小宝宝，嘴巴可不是黑的，而是黄色的，有点像小鸭子，相当可爱。

长出繁殖羽的黑脸琵鹭

罗理想 供图

黑脸琵鹭爸爸妈妈会轮流外出觅食，抓一些贝类、小鱼、小虾等哺育小宝宝。

等幼鸟学会了飞行、捕食等基本生存技能，大鸟就会带它们离开繁殖地，前往越冬地，时间大概是每年的11月。

在中国，黑脸琵鹭的迁徙路线一般是从北方的大连一路南下飞往海南、台湾等地。

黑脸琵鹭在迁徙途中遇到的种种困难，有天灾，也有人祸。希望黑脸琵鹭的数量可以越来越多，不要在我们这几代人的视线中消失。

希望我们都能树立环保意识，改善生态环境，不放置鸟网、捕鸟夹，不乱扔垃圾，保护好我们的地球母亲，这样像黑脸琵鹭一样可爱的生灵就可以生机勃勃，避免灭绝的厄运。

本回就说到这儿，"蟹蟹"收看！

第 8 回
爱吃昆虫的牛背鹭

刘博士大讲堂

牛背鹭

牛背鹭是一种常见的小型鹭鸟，全身雪白，嘴巴为黄色。牛背鹭的栖息地非常广泛，湿地、草地、农田等都能见到它们的踪影，喜欢成群活动。

繁殖羽

繁殖期间，它们的头、颈、上胸和背等部位长有橙黄色饰羽，非常好看，所以有些观鸟爱好者也称之为黄头鹭。

与牛为伴的牛背鹭

罗理想 供图

之所以叫牛背鹭，是因为人们常常在牛背上看到它们。它们和牛是一种互相帮助的共生关系。

牛背鹭是世界上少有的以昆虫为主食的鹭鸟，它们喜欢吃牛身上的牛虱、跳蚤等寄生虫，以及苍蝇、蚂蚱、蟋蟀等昆虫，还喜欢吃蚯蚓、蜗牛等。

所以牛背鹭可以帮助牛清理身上烦人的牛虱等寄生虫以及骚扰它的苍蝇等，可以说帮了牛的大忙了。而牛在走动的时候会惊起草丛中的各种昆虫，无形中也会让牛背鹭更容易觅食。

除了牛，它们还跟其他动物结成共生关系，比如在海南的新盈，人们就经常看到牛背鹭跟当地特有的"走地猪"混在一起，有时它们也会飞到猪背上，成为"猪背鹭"。

走地猪

更有意思的是，由于现在越来越多的耕牛被拖拉机取代了，人们还发现它们会跟在翻地的拖拉机后面，捕食翻起的昆虫。可见牛背鹭的生存技能也在与时俱进，真是聪明的鸟儿！

本回就说到这儿，"蟹蟹"收看！

第 9 回
等到天荒地老的苍鹭

热成狗了。

怪自己太贪玩,跑出来这么远,一时半会回不了家了。

哪里有地方可以让宝宝躲躲太阳?

咦! 那边有一块阴影,太好了!

就在浅水处,还能泡个澡,得救了!

太舒坦了,哈哈哈!

时间一分一秒地
过去了……

刘博士大讲堂

苍鹭是体形较大的常见鹭鸟。它们头颈灰白，成鸟头后有黑色饰羽，身体灰色，脖子较长，前颈有显眼的黑色纵纹；常栖息于水田、湖边、海岸浅滩、沼泽等浅水处。

苍鹭

苍鹭喜欢吃鱼。除了鱼，它们还会吃一些蛙、蜥蜴、水生昆虫以及贝类等，有时还会捉老鼠换换口味呢!

也有人把苍鹭称作"长脖子老等"，因为它们捕食的时候喜欢采取守株待兔的策略：伸长脖子，一动不动地站在水中，盯着水面，耐心地等待猎物自投罗网，有时竟能一动不动地站立几小时。

"长脖子老等"苍鹭　　罗理想 供图

黑鹭

值得一提的是，苍鹭在非洲有个远房亲戚叫黑鹭，至于是不是被非洲的烈日晒黑的，无从考证。但黑鹭很聪明，它会张开翅膀，制造一大片的阴影，吸引鱼儿游到它的附近，然后一举拿下。这是因为它知道鱼儿在烈日下喜欢躲在有阴影的地方。

本回就说到这儿，"蟹蟹"收看！

第 10 回
普通翠鸟的捕鱼之道

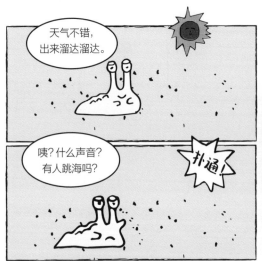

跃起

`00.20`

俯冲

`00.50`

加速

`01.30`

入水

`02.24`

得手

`02.45`

捕鱼嘛，就是这么简单。

哇，真快呀！才 2 秒多！

`02.45`

刘博士大讲堂

看下嘴的颜色
区别雌雄

普通翠鸟(雄)　　　普通翠鸟(雌)

普通翠鸟是种常见的小型翠鸟（体长15cm左右），色彩鲜艳，非常漂亮。头顶蓝色有细纹，上体翠绿色具亮蓝色斑点，橘黄色条带横贯眼部至耳羽，喉白，颈侧具白色斑点，下体棕黄色。雄鸟嘴巴全黑，雌鸟下嘴红色。

普通翠鸟是常见的留鸟，喜立于水边树枝或石头上静候猎物，俯冲水中抓到猎物后飞至别处享用。除了鱼，它们还喜欢吃螃蟹等甲壳类动物，以及多种水生昆虫及其幼虫，也啄食小型蛙类。

普通翠鸟在树上就锁定好猎物所处的具体位置，扎入水中后闭合眼膜保护眼球，这样还能看到光影。捕鱼的整个过程可以用电光石火来形容，只需要2秒左右。

普通翠鸟

罗理想 供图

翠鸟家族还有其他的成员，除了羽毛配色不一样之外，都非常的漂亮，比如蓝翡翠、白胸翡翠等。

蓝翡翠

白胸翡翠

由于翠鸟家族的羽毛很美丽，在汉代的时候就有匠人采用翠鸟的羽毛制作各种首饰，称为点翠。明清时期，皇宫后妃们的首饰几乎离不开点翠，如点翠凤钗、头花、帽花、凤冠、步摇、耳环、耳坠等。据说《甄嬛传》中华妃的凤冠采用的就是点翠的工艺。

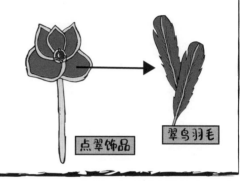

点翠饰品

翠鸟羽毛

点翠饰品

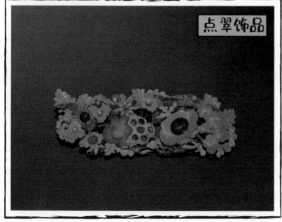

虽然点翠饰品非常好看，但对翠鸟一族来说却非常残忍（试想被活拔羽毛的场景）。好在现在一般用其他工艺进行替代，让我们可爱的翠鸟减少许多不必要的苦痛，得以惬意地去过自己美好的生活。

本回就说到这儿，"蟹蟹"收看！

第 11 回
中杓鹬大战蟹无敌

中杓鹬

终于，蟹无敌还是克服了恐惧，在某一天爬出洞穴觅食了……

刘博士大讲堂

中杓鹬是常见的冬候鸟，属中大型鸻鹬（体长约43cm），嘴长而下弯，约为头长的2倍，上体棕褐色。

biāo
杓

中杓鹬

中杓鹬

罗理想 供图

中杓鹬在海南比较常见。每年8月份左右它们就从北方迁徙过来了，是越冬的先头部队。也有小部分的中杓鹬会选择在这里的湿地度夏。

8月

中杓鹬经常聚成小群活动，每当涨潮的时候，它们会挤在高地上，又细又长的嘴巴难免彼此磕磕碰碰，非常好玩。

啪！

中杓鹬爱吃滩涂上的螺类及螃蟹等，它们捕食的强力工具就是又细又长的嘴巴，可以插到滩涂里寻觅猎物，也可以用嘴巴进行攻击。

中杓鹬在捕捉螃蟹的时候，会用嘴巴反复啄咬，将螃蟹甩在滩涂上。等到螃蟹筋疲力尽、断肢断脚、无力反抗后再享用美食。

被钳住的中杓鹬

罗理想 供图

但有的时候它们也会被凶悍的螃蟹夹住嘴巴，导致难以下咽，而螃蟹就可以自断大螯逃生。螃蟹这种自卫还击的行为叫作"协同进化"。

快跑！

不怕，钳子还会长出来的。

所以有时候螃蟹也不是那么好惹的，哈哈哈。况且对于螃蟹（如弧边招潮蟹）来说，它们在丢失大螯后大约 2 ~ 3 个月就会长出新的大螯。

本回就说到这儿，"蟹蟹"收看！

第 12 回
白头鹎的少年白发

小朋友们注意啦!"剁手"是买买买的意思,是一种网络用语,并不是真的剁手。

刘博士 大讲堂

鹎 bēi

白头鹎

白头鹎又称"白头翁",是雀形目鹎科小型鸟类，因其成鸟枕部有明显的白色羽毛而得名。白头鹎喜栖息于矮灌木、半红树植物群落等生境。

白头鹎为常见的留鸟，是杂食性鸟类，喜欢食用昆虫、种子、水果等。

白头鹎

高川 供图

海南的烈日

白头鹎（海南亚种）

有意思的是，白头鹎海南亚种仅耳部有一小片白色斑块，人们戏称因为海南的太阳太火热，把白头鹎晒黑了。

白头鹎（海南亚种）

罗理想 供图

最后刘博士提醒大家：在海边活动，一定要做好防晒措施，不然就会像刘博士一样……

刘博士　刘灰灰　刘黑黑

本回就说到这儿，"蟹蟹"收看！

第 13 回
遗失海面的明月——海月

刘博士大讲堂

连石小黄都在中秋节找到了好朋友，哈哈哈。刘博士在此也祝大家能和家人团聚，阖家团圆！

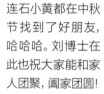

海月的贝壳较大，呈圆形或椭圆形，肉却很小，栖息于潮间带至浅海泥沙底。

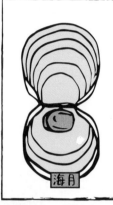

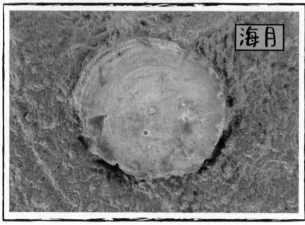

海月

海月的两片壳大而扁平，壳质极薄，半透明，可以透光，又称为海镜。

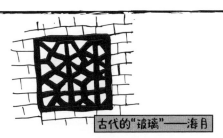

古代的"玻璃"——海月

由于海月透光的特性，早在明清时期，海月壳就被作为窗户的透光材料，在江南一带普及起来。这种用海月壳做成的窗子，在苏杭一带被称为"蠡壳窗"，在岭南一带则叫"蚝壳窗"。

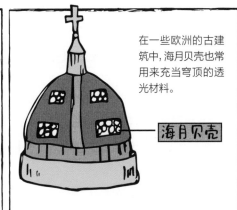

在一些欧洲的古建筑中，海月贝壳也常用来充当穹顶的透光材料。

海月贝壳

还记得我吗？

背着海月贝壳的关公蟹

由于海月贝壳特别的平整，关公蟹很喜欢背着海月贝壳四处游荡，保护自己。

对了，在海南的后水湾，许多鱼塘的塘基土里包裹了大量的海月壳，说明历史上海月在后水湾湿地广泛分布。

本回就说到这儿，"蟹蟹"收看！

第 14 回
从"脑壳"拉屁屁的象牙贝

某天退潮后，石小黄在海边，一边散步一边想着心事……

心不在焉的石小黄完全没有注意到脚下的障碍物。

然后……

哎呀！

什么东西？

啪

啪

可恶，竟敢绊倒本宝宝，打你！

嗖！

啪

哼！

石小黄本以为报了绊倒之仇，正想离开，谁知道……

刘博士大讲堂

在介绍象牙贝之前，刘博士先和大家介绍一下现生贝类常见的五大纲：腹足纲、瓣鳃纲、掘足纲、头足纲、多板纲。

象牙贝属于掘足纲贝类，因为贝壳外形特别，呈弓曲管状，形似象牙，所以被称为象牙贝，也叫角贝。

象牙贝

鲍鱼　腹足

腹足纲
- 1个壳（有时完全退化消失）
- 足位于"腹部"

斧足　文蛤

瓣鳃纲
- 2个壳（也叫双壳纲）
- 足通常侧扁像斧头

象牙贝

掘足纲
- 1个壳
- 足擅长挖掘

鱿鱼

头足纲
- 有些有1个"壳"（内骨骼）有些完全没有
- 足在头部，为腕足

石鳖　足

多板纲
- 有8个壳
- 足位于"腹部"

青角贝

尉鹏 供图

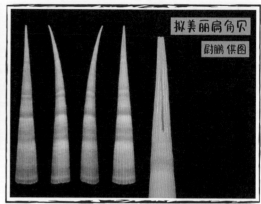

拟美丽扁角贝

尉鹏 供图

象牙贝的贝壳前端较粗，向后逐渐变细，头部和足部可以从前端伸出，后端是象牙贝的肛门孔（也就是拉尼尼的地方）。

由于长期生活于泥沙中，象牙贝的眼睛已经退化，但是它们头部长有许多头丝。象牙贝就是利用头丝来感应外部环境的。这些头丝可以伸出贝壳外，捕捉环境中的浮游生物，并送到嘴里吃掉。

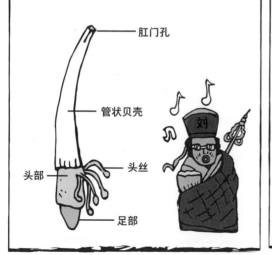

肛门孔

管状贝壳

头部

头丝

足部

刘

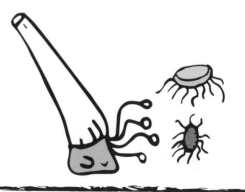

象牙贝靠足部的收缩可以方便地钻入泥沙中，隐藏自己。在泥沙里象牙贝一般斜着横躺，顶端的一小截贝壳常常露在泥沙外面。

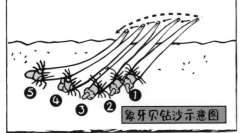

象牙贝钻沙示意图

象牙贝分布较广，常栖息于潮间带低潮线附近至深海上千米水深的沙或泥沙质海底。

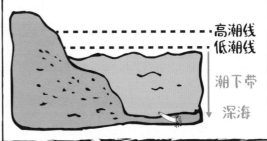

高潮线
低潮线
潮下带
深海

 本回就说到这儿，"蟹蟹"收看！

第 15 回

"明星贝类"的第一之争

好大的雨!
伞都遮不住,
在红树林里
避避雨吧。

总算是停了。

回家!

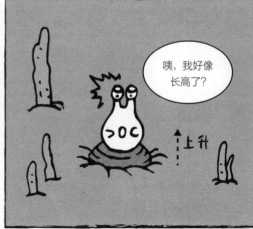

咦,我好像
长高了?

上升

就在石小黄对红树蚬
肃然起敬的时候……

刘博士大讲堂

淡黄的长裙
蓬松的头发

那么到底谁才是第一个以红树命名的贝类呢？据考证，红树蚬命名的时间是1791年，红树拟蟹守螺是1855年，所以红树蚬胜出。另外漫画里最帅的人是我刘博士，没石小黄什么事，哈哈哈。

言归正传，生活在中国红树林区的软体动物至少有600种，其中也有一些专一性分布于红树林的种类，但中文名冠以"红树"的软体动物却非常少。

目前只有两种生活在中国红树林里的贝类获此"殊荣"：一种是汇螺科的红树拟蟹守螺，而另一种便是蚬科的红树蚬。

xiǎn
蚬

红树蚬

红树拟蟹守螺

红树蚬栖息于有淡水注入的淤泥质或泥沙质高潮带滩涂表层，埋栖深度不超过10厘米，在红树林遮阴区域更集中，尤其是红树林根系附近，故名红树蚬。

红树蚬的贝壳呈三角卵圆形，表面黄灰色，并有黑褐色壳皮，能与潮间带滩涂环境融为一体，从而保护自己。受环境影响，各地红树蚬壳皮的颜色略有不同，位于壳顶位置的壳皮常被磨损。由于壳表颜色和质感与牛粪颇为相似，因此也被称为"牛屎螺"。

红树蚬

牛便便

红树拟蟹守螺

红树蚬

红树蚬肉质肥厚，味道鲜美，由于埋栖于滩涂表层，捕捉它们也挺容易的，渔民只需携带一根铁条便可采集。他们利用铁条在红树林高潮带根系附近的滩涂随机插拔，若碰到红树蚬就有明显的触感，然后便可弯腰挖出。

红树蚬还有个很有意思的习性：它们喜欢在大雨过后，移到滩涂表面，有时甚至大半个壳都暴露出来。这样只要在大雨后赶海，很容易就能发现它们了。

随便就能捡一桶

铁条

红树拟蟹守螺隶属于腹足纲汇螺科，它的体形呈长锥形，但位于壳顶的螺层常被腐蚀掉。壳体表面密布着由纵肋和横肋交织而成的颗粒状突起，宛如缠满了白、黑、棕、灰各色串珠。

红树拟蟹守螺　常被腐蚀的壳顶

红树拟蟹守螺主要分布于高潮带滩涂，常聚群栖息于沉积物表面，或攀爬于红树植物树干基部和呼吸根上。

挂在树上的红树拟蟹守螺

野外观察发现，红树拟蟹守螺会随着潮水涨退而有垂直攀爬红树植物的行为。当退潮时，红树拟蟹守螺爬到地表觅食；而涨潮时，它们就爬到红树植物上躲避潮水。它们躲避潮水的行为很可能是为了躲避水中潜在的捕食者。

退潮时，并非所有的红树拟蟹守螺都会爬到地表觅食，有些不想动的或者已经吃饱的红树拟蟹守螺会留在树干上。它们分泌黏液将口盖（厣）暂时闭合密封，躲在贝壳里降低代谢和能量损耗，并将壳口外缘与树干接触的部分黏合，"挂在"树干上，减少水分散失。

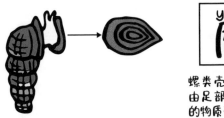

yǎn
厣

螺类壳口的盖，由足部表皮分泌的物质形成。

本回就说到这儿，"蟹蟹"收看！

第 16 回
画个圈圈诅咒你

咦，树上有好多圈圈呀。

石小黄的家

什么时候冒出来的？好圆呢。

是什么东西呢？

那边有个螺，问问它吧。

你好，我是石小黄。

你好，叫我小耳朵就好啦。

伶鼬冠耳螺

小耳朵，你知不知道这些圈圈是怎么回事？

你算是问对人了，这些圈圈是我的杰作呢！

画这么多圈圈干吗呀？

你先猜猜看，我再告诉你，嘻嘻。

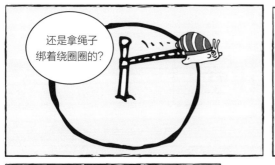

啊……啊……
你可以边吃边拉边画呀。

刘博士大讲堂

耳螺，顾名思义外形长得像耳朵，是腹足纲有肺目耳螺科软体动物的统称。伶鼬冠耳螺是耳螺的一种。

壳口神似耳朵

伶鼬冠耳螺

"画个圈圈诅咒你"

伶鼬冠耳螺会在红树植物树干或呼吸根的基部边爬边产卵，它们几乎都是绕着一个圆心画圈圈。而这些圈圈是它们的卵囊群，包含成千上万的卵。

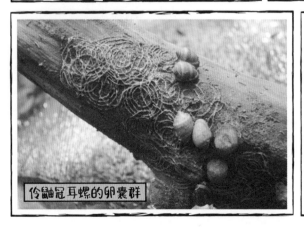

伶鼬冠耳螺的卵囊群

耳螺主要分布于海陆过渡区的高潮带和潮上带，全世界超过一半的耳螺种类分布于红树林区。

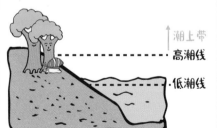

潮上带

高潮线

低潮线

耳螺是一类特殊的原始有肺类软体动物。海洋软体动物以鳃（包括外套膜上密布的纤毛）呼吸。陆生有肺类软体动物以肺呼吸，并且对干燥环境有一定的耐受力。耳螺以肺呼吸，但对干燥环境没有耐受力，若环境过于干燥，耳螺会尽快寻找适宜生存的潮湿环境。

伶鼬冠耳螺

分布于红树林区的耳螺，在红树林生态系统中具有重要的作用，比如耳螺的食物来源主要为微型藻类、植物碎屑和腐殖质，这样就可以促进红树林生态系统中物质的分解和循环。

食物：微型藻类、植物碎屑、腐殖质

除此之外，耳螺还与红树林里的萤火虫息息相关。萤火虫一生中最长的成长阶段是幼虫期，有些种类的幼虫期甚至可以长达 10 个月。

幼虫期　　成虫期

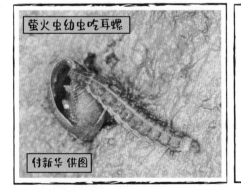

萤火虫幼虫吃耳螺

付新华 供图

这么长的幼虫期，吃是最大的问题。陆地上的萤火虫幼虫主要吃蜗牛，淡水里的萤火虫幼虫主要吃田螺，而红树林里的萤火虫幼虫主要吃的是耳螺和拟沼螺。

蜗牛　　田螺　　耳螺

几乎所有的耳螺对环境变迁和人为干扰都十分敏感，可作为环境评估的重要指示物种。如果红树林生态系统遭受污染和破坏，耳螺的种群数量也会因此大幅减少，以耳螺为主要食物的红树林区萤火虫幼虫也很可能会消失，就再也不能在红树林中看到萤火虫漫天飞舞的美景了。

希望那一天永远不要来临。爱护生态环境，才能为我们的子孙后代留住大自然的美！

本回就说到这儿，"蟹蟹"收看！

第 17 回
海陆通吃的海陆蛙

某年某月的某一天，又来了挑战者向蟹无敌发起挑衅，争夺无敌的称号……

啪！

啪！

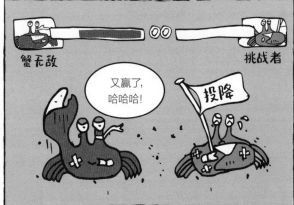

蟹无敌

挑战者

又赢了，哈哈哈！

投降

蟹无敌，你可以称霸滩涂界了。

嘿嘿嘿。

……

蟹无敌

别扯了，还称霸滩涂界，这里到处都是我的天敌，我也就和同类打架厉害点。

你看，白天有各种鸟儿想吃我们。

中杓鹬

铁嘴沙鸻

青脚鹬

海陆蛙？

到了晚上，还有可怕的海陆蛙会抓我们。

蟹无敌

刘博士大讲堂

海陆蛙

海陆蛙是全世界目前已知唯一一种生活在咸淡水交界处的潮间带的两栖类动物，通常分布于红树林区。海陆蛙又叫海蛙、红树林蛙，其活动范围一般不超出咸水环境 50～100 米。

海陆蛙

海陆蛙

两栖类动物是动物界由水中生活到陆地生活的一个重要的过渡阶段。两栖类动物通常生活在潮湿、遮阴的地方，昼伏夜出。海陆蛙也是一样，白天多躲藏在红树植物根系或洞穴中，傍晚才跑到滩涂上觅食。

海陆蛙的主要食物是蟹类，它们也捕食小鱼、小虾、贝类和小型昆虫，因此又被称为"食蟹蛙"。

美食，嘻嘻！

绝大多数的两栖类动物在咸水环境中无法生存，但是海陆蛙的耐盐能力却很强。科学研究表明，海陆蛙裸露的皮肤类似半透膜结构，可以吸收咸水中的水分，而将盐离子阻挡在体外。

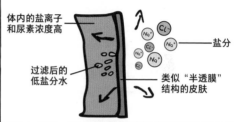

体内的盐离子和尿素浓度高

过滤后的低盐分水

盐分

类似"半透膜"结构的皮肤

海陆蛙主要分布于东南亚的红树林区，在中国主要分布在海南、台湾、广东、广西等地，以海南为主，在海南东寨港、清澜港、后水湾等湿地都有机会见到。

但是随着环境被人为破坏和污染、栖息地质量下降，以及过度捕捉，海陆蛙的种群数量迅速减少。希望这种唯一生活在潮间带的两栖动物能有个好的生存环境。

本回就说到这儿，"蟹蟹"收看！

第 18 回
章鱼、乌贼，还是鱿鱼？
傻傻分不清楚……

哈哈哈，我的潜水装备终于到啦！

这回可以去海里潜水了，嘻嘻嘻……

准备就绪，出发！

好美呀！

咦，这里有个大罐子？

吓我一跳！

嘻嘻！

刘博士大讲堂

石小黄遇见的其实是章鱼、乌贼还有鱿鱼，但是怎么区分它们呢？还有花枝、墨鱼、八爪鱼又是什么呢？大家是不是也有这样的困惑？且听刘博士慢慢道来。

首先从外形区分

章鱼

章鱼：8个腕、脑袋呈圆形，身体柔软，没有骨头。

章鱼

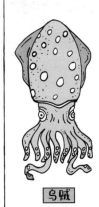

乌贼: 10 个腕, 其中 2 个腕特别长。外形扁平宽大, 像是一把铲子。身体有"硬骨头"(内骨骼)。

乌贼

"硬骨头"

乌贼

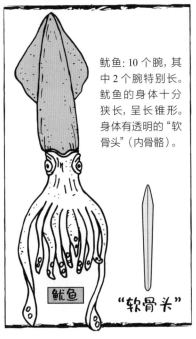

鱿鱼: 10 个腕, 其中 2 个腕特别长。鱿鱼的身体十分狭长, 呈长锥形。身体有透明的"软骨头"(内骨骼)。

鱿鱼

"软骨头"

鱿鱼

从名字区分

章鱼	别称:	八爪鱼、石居、望潮
乌贼	别称:	花枝、墨斗鱼、墨鱼
鱿鱼	别称:	小管、柔鱼、枪乌贼

所以花枝丸就是墨鱼丸,是由乌贼的肉做成的。

其实不仅乌贼会喷墨,章鱼和鱿鱼也会喷墨。在遇到敌害时,它们都会迅速喷出墨汁,将周围的海水染黑,掩护自己逃生。

章鱼对各种器皿嗜好成癖,凡是容器,它都爱钻进去栖身。因此人们常常用瓦罐、瓶子或穿起来的大海螺壳进行捕捉。

关于章鱼、乌贼、鱿鱼,你们学会如何区分了吗?

本回就说到这儿,"蟹蟹"收看!

第 19 回

章鱼的十八般武艺

哈哈哈，看来终于轮到我出场当主角啦!

大家好，我是章鱼小丸子。

章鱼小丸子

不是我吹牛，我可比石小黄聪明多了，想不通为什么不让我当主角。

我们章鱼天生喜欢待在容器里，但要是遇到这种有塞子的瓶子，进得去吗?

石小黄肯定不行。

干瞪眼
???

对我来说并不是难事，因为我们善于动脑子，还有8个强大的腕足协助。

好像只要旋开塞子就可以了。

刘博士大讲堂

说到章鱼，大家应该都不陌生，章鱼是蛸科海洋软体动物的统称。

xiao
蛸

很多人可能只知道章鱼是一道美味的海鲜，但是在被端上餐桌前，章鱼可是海里的高智商生物。

炭烤章鱼须，我最喜欢！

你不是说没钱吗？骗子！

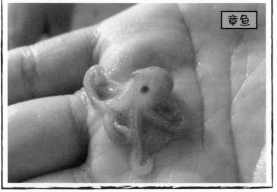

章鱼

章鱼

科学研究表明，人类大脑中有 1000 亿个神经元，而章鱼有 5 亿个神经元分布在其头部和身体各处，因此，它和狗狗的智商水平相当。

据报道，在新西兰北岛的一个水族馆，一只章鱼趁着夜色实施了自己的逃亡计划。它先是顺着水族箱的一侧滑到地板上，再把自己身子蜷缩起来钻进一根 15 厘米粗的排水管，而这根水管正通向附近的海洋。是不是很聪明？

想关住我？没那么容易!

章鱼全身柔软，可以压缩自己，通过比身体小得多的空间。

科学家猜测，理论上只要通道的直径大于章鱼口中角质颚的宽度，章鱼就可以顺利通过，因为章鱼全身只有角质颚是硬的。

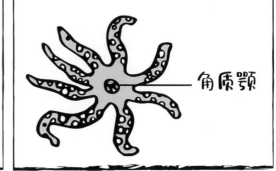

角质颚

章鱼喜欢躲在各种容器中，还善于利用工具保护自己。

比如有一种叫条纹蛸的章鱼会利用海底捡到的椰子壳保护自己。为了能长期使用来之不易的椰子壳，它们甚至会用 6 个腕足夹着椰子壳，然后用剩下的 2 个腕足走路，以此来携带椰子壳。

章鱼表面分布着色素细胞，可以通过这些色素细胞改变自身的颜色，和环境融为一体，伪装自己。

伪装成海草逃跑的章鱼

了解完章鱼的十八般武艺，有没有对美味的章鱼肃然起敬呢？

本回就说到这儿，"蟹蟹"收看！

第 20 回
爱捡垃圾的缀壳螺

挑些好看的捡回去，还能送给蟹无敌呢。

这个不错。

奇怪！拔都拔不出来，莫非长在上面了？

谁在我背上？快下来！

哎呀！是谁在说话？

哇，好酷啊！原来是一只活的螺！

我是缀壳螺。

缀壳螺

我还以为是一个贝壳堆。你身上为什么有那么多贝壳呢？

刘博士大讲堂

缀壳螺是生活在温暖海域的一类软体动物，大部分栖息于水深 200 米以内的浅海区。

缀壳螺

缀壳螺的外壳呈低圆锥形，上面布满斜纵肋，从侧面看就像一个斗笠。又因缀壳螺的外壳常常粘满贝壳等物，就像穿了一层外衣，所以缀壳螺也被叫作衣笠螺。

（侧视）

未着衣的缀壳螺

（俯视）

各种各样的缀壳螺　　尉鹏 供图

缀壳螺用它的足部或者吻部将锁定的装饰物抓牢，随后在自己的贝壳表面寻找合适的黏合点，这个过程一般要花 1 ～ 1.5 个小时。

（足部）

然后，缀壳螺开始分泌"胶水"进行黏合。一般需要 10 个小时以上才能粘牢固，这期间缀壳螺不吃不动，只能偶尔动一下检验黏合的牢固程度。

"胶水"主要成分：碳酸钙、黏液蛋白、水

除了贝壳，缀壳螺还会将石头、珊瑚甚至瓶盖、玻璃、纽扣等垃圾粘在身上，俨然一个爱捡垃圾的拾荒者。

石头　　玻璃　　瓶盖　　纽扣

缀壳螺会按一定的排列规律将捡到的东西粘在自己的外壳上，有些甚至充满了美感。

外壳粘满贝壳的缀壳螺，看起来就像一堆垃圾，和周围的环境融为一体。这样就能伪装自己，躲过捕食者的攻击。

哈哈哈，看不见我……

微型藻类和有孔虫是缀壳螺的主要食物，它们进食的时候会将混有食物的沙砾吞下。为了不让排出的便便暴露行踪，它们会用吻部在身下挖个坑把便便埋起来，实在是太聪明了！

本回就说到这儿，"蟹蟹"收看！

第 21 回
海胆的变装舞会!

哇! 好多带刺的球!

哇! 真酷!

我们是海胆好不好, 真没文化。

海胆

你们的刺能动吗?

能像豪猪一样把刺射出去吗?

那你们和刺猬是亲戚吗?

可以。

不行。

不是。

脾气真大啊。

问题真多, 打扰到我睡觉了!

可是我们海胆没事就喜欢睡觉。

太阳都要出来了, 别睡了吧。

然后, 太阳升起……

哎呀，出太阳了，兄弟们快行动起来!

......

......

......

都跑光了?
晒太阳多舒服，一群奇怪的家伙。

蠕动

蠕动

过了一会儿……

哈哈哈，你头上顶着什么呀?

我回来了!

那你为什么要顶着珊瑚碎片?

是我捡来的珊瑚碎片。

我们海胆不喜欢光线，所以白天的时候要躲进洞里避光。如果找不到洞穴，就会捡各种东西顶在头上当遮阳伞。

躲进洞里

原来如此，你的遮阳伞还挺有艺术气息的。

嘻嘻嘻，多谢夸奖。

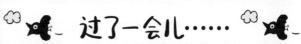

刘博士大讲堂

海胆是一类广泛分布于世界各海洋的无脊椎动物，因全身长满棘刺，又被称为"海底刺客"。

大部分海胆呈球形，内骨骼互相愈合，形成一个坚固的壳。有些小伙伴会在沙滩上发现灯笼一样的空壳，其实那是海胆的"尸骸"。

棘刺　　　海胆内壳

海胆的嘴位于腹面，有五颗结实的牙齿，用来进食，还可以磨碎岩石，挖一个洞穴作为庇护所。

牙齿

海胆的棘刺和管足分布于内壳外面。管足细小透明，带有黏性。海胆可以借助管足缓慢爬行，将自己吸附于岩石上。海胆的棘刺是可以活动的,棘刺能够协助管足爬行,支撑身体。

棘刺

管足

棘刺是海胆的主要防身利器，一般的捕食者看到海胆满身的棘刺，便没有了攻击的欲望。

来吃我呀！

唉，无从下嘴。

海胆是一种很受欢迎的食材，可以食用的部分是海胆的生殖腺，叫作海胆籽。把海胆壳撬开，露出的 5 瓣黄黄的东西就是海胆籽，周围黑色的部分是它的消化系统，不能食用。

消化系统 —— —— 海胆籽

海胆昼伏夜出，很懒，喜欢睡觉，具有避光性。一旦阳光强烈，它们就会躲进洞里。如果无洞穴可躲，就会头顶海草、贝壳、珊瑚碎片甚至人类垃圾等物体，以此躲避阳光，当然也能起到伪装的作用。

幸好我有遮阳伞。

有棘刺保护的海胆就无敌了吗？非也！海獭就很喜欢吃海胆。海獭不直接用嘴咬，而是先用石头把海胆砸碎，然后吸食里面的精华，这样外面的棘刺就没办法保护海胆了。

海胆，我的最爱呀！

海獭

黄宇 供图

头顶海藻的海胆

黄宇 供图

头顶扑克牌的海胆

头顶贝壳的细雕刻肋海胆

刘博士苦口婆心地提醒大家，要爱护生态环境，不要随便丢弃垃圾。毕竟，谁也不想看到海胆把人类丢弃的垃圾顶在头上。

本回就说到这儿，"蟹蟹"收看！

第 22 回
海底的鹅毛笔森林

啦啦啦啦……

正当石小黄在海里开心玩耍的时候，一片乌云挡住了明月。

这么黑，看不清了。

早知道带灯来了。

啪 啪 啪 啪

好像撞到了什么？

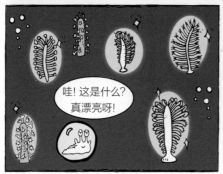

哇! 这是什么? 真漂亮呀!

会发光，长得像毽子，又像鹅毛笔。

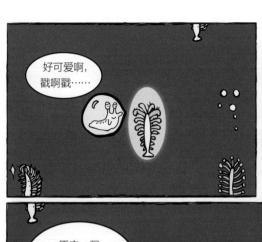

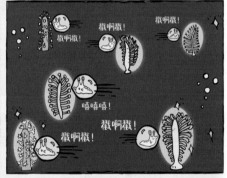

 就这样，石小黄来来回回地玩了几次后……

刘博士大讲堂

海鳃隶属于刺胞动物门海鳃目，因有些种类长得像鹅毛笔，又被称为海笔。

 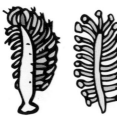

海鳃的种类繁多，已发现的有300多种，常见的有长得像羽毛的古斯塔沙箸海鳃、长得像粗棒的哈氏仙人掌海鳃等。

古斯塔沙箸海鳃

哈氏仙人掌海鳃

古斯塔沙箸海鳃

哈氏仙人掌海鳃

虽然不同的海鳃外形各有区别，不过基本上都由初级水螅体和次级水螅体构成。

各种各样的海鳃

海鳃中间的肉柱是它的初级水螅体，就像树干一样，底端固定在泥沙中。从初级水螅体向外又分支出很多的次级水螅体。

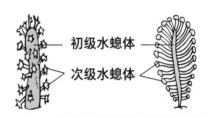

初级水螅体
次级水螅体

受到刺激时，海鳃会收缩肌肉，身体瞬间缩进泥沙里，这是它自保逃脱的反应。如果把它拔出来揉搓，它的初级水螅体会收缩成一根棍子，非常可爱。

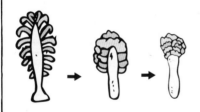

有些海鳃的初级水螅体内有一根钙质或角质的中轴骨，海鳃靠它才能在海中昂首挺胸，屹立不倒。

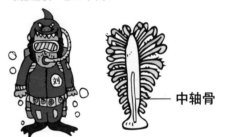

中轴骨

海鳃颜色美丽，多为黄、橙、红或褐色。有些种类的海鳃在受到刺激时还会发出蓝白色的荧光，非常惊艳。

在海鳃身上还经常能发现与之共生的三叶小瓷蟹。三叶小瓷蟹实际上不是真正的"蟹"，它除了2只大螯外，还有6只脚，比真正的"蟹"少了2只脚。

弧边招潮蟹（雄）

三叶小瓷蟹

东方翼海鳃

三叶小瓷蟹

本回就说到这儿，"蟹蟹"收看！

第 23 回
眼睛搬家的木叶鲽

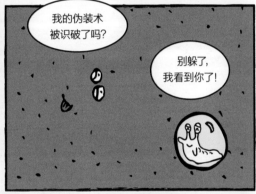

刘博士大讲堂

比目鱼是一类海鱼的统称，包含鲆科、鲽科、鳎科的鱼类。木叶鲽就是一种常见的鲽科比目鱼。比目鱼的显著特点是身体扁平，两只眼睛长在同一边。

木叶鲽有眼一侧身体呈褐色，分布着不规则的斑点，无眼一侧呈白色。身体扁平，像一片漂浮的枯叶，木叶鲽因此得名。

枯叶

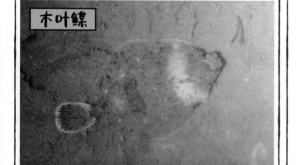

木叶鲽

木叶鲽幼体时期和普通鱼类区别不大，眼睛对称分布于身体的两侧，在海水的上层活动。

木叶鲽幼体

当木叶鲽的幼体长到大约 1 厘米长的时候，奇怪的事情发生了：木叶鲽的眼睛开始搬家。

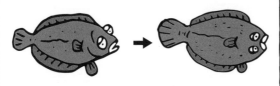

眼睛搬家记

木叶鲽右边的眼睛，慢慢地向左边移动，同时两眼之间的软骨被身体吸收，这样眼睛的移动就没有阻碍了。

软骨

眼睛移动前　正在移动　移动完成

同时木叶鲽的身体构造和器官也发生了变化。这时的木叶鲽已经不适合在海面游动了，只好横卧海底。

还是躺着舒服。

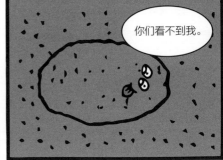

你们看不到我。

成年木叶鲽大多停栖于海底，将自己埋藏于泥沙中，能随环境改变体色，隐藏自己。这是木叶鲽躲避天敌以及守株待兔、伏击猎物的绝招。

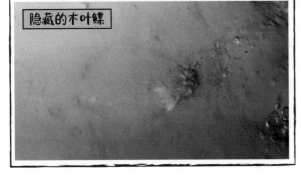

隐藏的木叶鲽

本回就说到这儿，"蟹蟹"收看！

第 24 回

河豚知多少？

所有的鱼儿都闪了，但还有一条鱼没离开，可能反应慢了半拍……

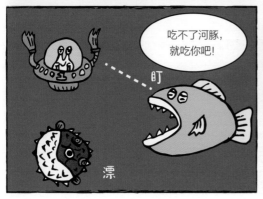

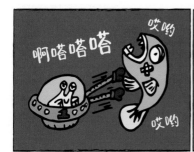

啊嗒嗒嗒 哎哟 哎哟

今天太倒霉了，呜呜呜……

胜利！

耶，安全了！

变回来吧！

哇！小河豚，你太酷了！你是怎么做到的？

这个嘛……

当我们受到威胁时，会启动防御模式，吸入大量的水或空气。

迅速鼓成一个大球，同时立起身上的刺，让捕食者们难以下咽，我们就安全了。

真是很棒的技能，海洋一号要是有这个技能就好了！哈哈哈。

嘻嘻，你的海洋一号也很厉害呀！

刘博士大讲堂

河豚是硬骨鱼纲鲀科鱼类的统称，因捕获出水时会发出类似猪叫的唧唧声而得名。"豚"就是猪的意思。

"oep……oep……"

| 河豚 | 豚 |

而具体到某一种河豚时，会用"鲀"字为其命名，比如漫画中的河豚形象参考的就是"黄鳍东方鲀"。

黄鳍东方鲀

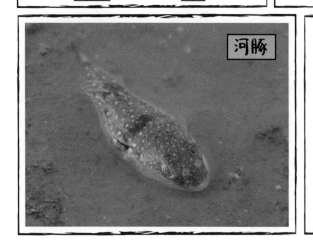

河豚

提到河豚，大家脑海中浮现的可能就是它鼓成一个球的呆萌形象了。其实这是河豚自我保护的一个绝招。

绝招一：膨胀亮刺

遇到威胁时，河豚会迅速吸入大量的水或者空气，胃部会撑大到极限，身体也胀大数倍，皮肤绷紧，并像刺猬一样立起身上的刺。以此吓跑对手，或让对手无从下嘴。

吸水

开始膨胀

"气鼓鼓"的河豚

如果还有顽固的捕食者非要吃掉河豚的话，河豚还有最后的绝招：你吃了我，我毒死你，大家同归于尽。

绝招二：致命毒素

野生河豚身上自带剧毒——河豚毒素。河豚毒素是世上最强的毒素之一，比氰化钠还要毒1250倍。一条河豚体内所含的毒素能毒死差不多30个成年人。

💀×30

有这两个绝招护体，很多捕食者对河豚根本束手无策。但还是有一些强大的掠食者，比如虎鲨、狗母鱼，它们对河豚毒素免疫，对河豚变成的大球也毫不在乎。

狗母鱼

虎鲨

除了变成大球外，河豚还有一个很萌的地方：嘴里有四颗大板牙，看起来蠢蠢的。其实河豚的性情比较残暴，它们会用这副牙口凶猛地攻击小鱼、小虾等猎物，甚至还能咬碎坚硬的贝壳。

美味是河豚的另一个标签。河豚除了鱼肉无毒外，其他部位几乎都有毒，所以食用河豚是一件危险系数比较高的行为，特别是在古代。好在现在的河豚养殖业比较成熟，已经培育出无毒河豚。

大部分河豚是洄游性鱼类，多数时间生活在海里。每年产卵期，它们由外海游至江河口，产完卵后又游回外海。这也解释了为什么身为海鱼的河豚，名字里面会带一个"河"字。

但食用河豚仍然存在风险，处理河豚也是个技术活。若想品尝，务必去有资质的餐馆，切忌在家自己捣鼓。

河豚刺身

竹外桃花三两枝，
春江水暖鸭先知。
蒌蒿满地芦芽短，
正是河豚欲上时。

苏轼

本回就说到这儿，"蟹蟹"收看！

第 25 回

鲍鱼的那些事儿

夜深了

唉，又失眠了。

反正睡不着，去海里玩耍去。

不知道这里的小伙伴都睡了没？

那边好像有一个小贝壳。

你好，我是石小黄。

你好，我是鲍鱼。

抱鱼？你抱的鱼在哪里？

是鲍鱼，不是抱鱼！你个文盲。

鲍鱼

一旦感觉到危险，我们就紧紧地贴在岩石上，谁也别想掰下来。

能吸那么牢吗？有点不信，哈哈。

好啊！

不然你试试看？

哇呀呀……完全扯不下来！

嘿嘿！

信了，话说你有这么厉害的技能，还怕什么呀？

这下信了吧？

哦？

一物克一物，我们的天敌也很多的。

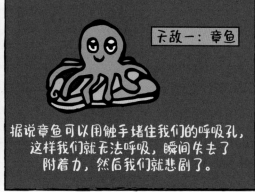

天敌一：章鱼

据说章鱼可以用触手堵住我们的呼吸孔，这样我们就无法呼吸，瞬间失去了附着力，然后我们就悲剧了。

天敌二：海星

海星可以用它强有力的腕足和身上的小触手把我们从壳里分离，然后我们就只能束手就擒了。

天敌三：海獭

海獭就更厉害了，可以潜入海底，趁我们不备，一举抓住我们。

然后再回到海面，用石头砸烂贝壳，悠哉地享用美食。

天敌四：蟹类

一些蟹类如锯缘青蟹就更简单粗暴了，它们强有力的钳子甚至可以把我们的壳夹破。

唉，你要保重呀。

唉，不说了，我还是躲回岩石缝里，安全第一。

刘博士大讲堂

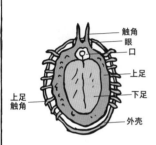

触角
眼
口
上足
下足
上足触角
外壳

鲍鱼是腹足纲的海洋贝类。我们吃鲍鱼主要是吃它的腹足，也是鲍鱼用来吸附岩石的部位。腹足分为上足和下足。上足有许多绒状的触角和小丘，用来感知周围环境的变化；下足伸展时呈扁平的椭圆形，紧实有力。

有些鲍鱼的壳，会根据它所吃的食物不同而有不同的颜色。比如我们平常常吃的皱纹盘鲍，它们身上的红绿条纹就是这么产生的。

进食龙须菜，壳呈现红色

进食海带，壳呈现绿色

皱纹盘鲍的壳

皱纹盘鲍各种颜色的壳

汤滨 供图

如果仔细观察，会发现鲍鱼壳上有一些小孔。不同的鲍鱼，开孔的数量也不一样。当鲍鱼打开一个新的孔，就会闭上一个旧的孔。每个鲍鱼一生中壳孔的数量基本一致。

打开的孔
闭合的孔
壳孔数量基本保持一致

这些孔主要用来呼吸、排泄、繁殖还有感知。鲍鱼是靠体外受精来繁育下一代的，将卵子和精子通过小孔喷射到海里，再结合成受精卵。

所以鲍鱼是有性别区分的。在紧贴贝壳那一面，有一团圆形的肌肉是鲍鱼的闭壳肌，在闭壳肌旁可以找到鲍鱼的生殖腺。多数的雄鲍生殖腺呈现白色或者乳白色、浅黄色，雌性则呈现墨绿色。

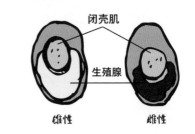

N头鲍是什么意思?

鲍鱼的头数通常是指一斤有几只鲍鱼。比如十头鲍就是指一斤有十只鲍鱼，每只大概是50克。如果一斤有两只鲍鱼，每只大约250克，就是两头鲍。所以头数越小，鲍鱼越大，越值钱。

我们平常吃的鲍鱼大部分是养殖鲍鱼，如皱纹盘鲍。由于近几十年的过度捕捞，在中国野生鲍鱼的数量正日益减少，仅在山东、福建、海南等省份的部分海域有少量野生种群。这不得不引起我们的重视和反思。

和一些贝类一样，当鲍鱼身体进入异物，无法排出时，会形成珍珠。只不过鲍鱼的珍珠形状不太规则，但是色彩却十分绚丽。

本回就说到这儿，"蟹蟹"收看！

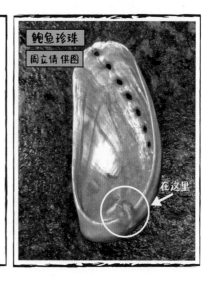

鲍鱼珍珠
周立倩 供图

在这里

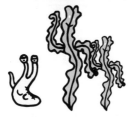

第 26 回
跳个海草舞庆国庆

蟹无敌

弧边招潮蟹（雄）

咦?

大弹涂鱼

蟹无敌、弹大跳，你们在干吗?

蟹无敌

国庆节快到了，据说写下愿望发给作者，

运气好的话就可以实现了! 哈哈哈!

蟹无敌

真的吗? 你们都许了什么愿望?

我要一面国旗，庆祝祖国母亲的生日。

蟹无敌

嘻嘻嘻，我想让作者给我发个女朋友。

 就在石小黄它们焦急等待的时候……

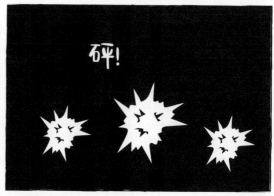

哇! 愿望实现了!

我的没实现，呜呜呜……

哈哈，别伤心，我的壳也只存在了一小会儿，我们还是想想怎么庆祝祖国母亲的生日吧。

好!

我之前看过海草舞，不然我们找海草一起跳海草舞庆国庆吧!

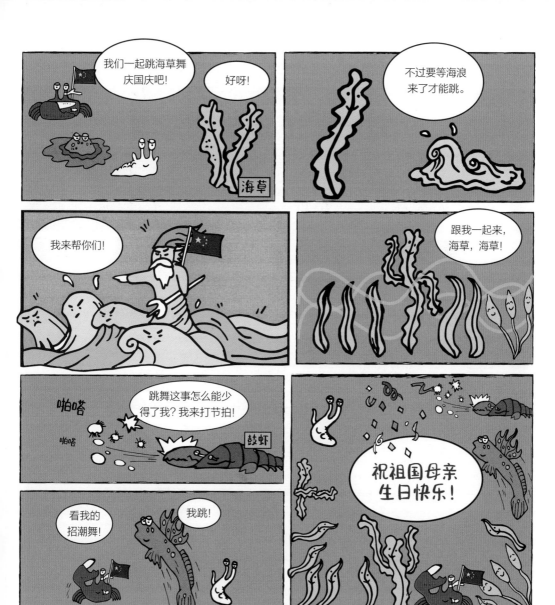

刘博士大讲堂

海草是指生长在热带至温带沿岸浅水海域中的单子叶植物。由于海草的叶子又细又长，以绿色居多，看起来就像是生长在海里的草原，所以又称为"海草床"。

海草

海草生长范围广泛，从最热的热带到亚热带、温带甚至寒冷的北极圈（即除了南极洲以外的所有大洲）都能见到海草的踪迹。海草中的一些种类是广布种，比如贝克喜盐草，在我国的台湾、福建、广东、广西、海南等地均有分布。

贝克喜盐草

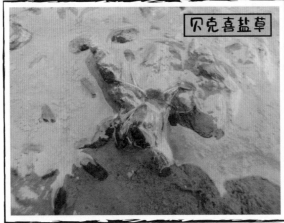

贝克喜盐草

海草床是地球生物圈最重要的生态系统之一。许多海洋生物在这里觅食、栖息，比如八爪鱼、儒艮，还有许多鱼类等。

海草床还是固碳小能手，同样面积的海草床的固碳能力是热带雨林的 8 至 21 倍。

但在中国，海草床退化严重，人为干扰是其退化的主要原因。像围海造田、破坏性的挖捕和养殖活动，都对海草床造成了巨大的威胁。绿水青山就是金山银山，我们要爱护地球的生态环境！

石小黄的赶海故事暂时就先说到这，
"蟹蟹"收看！

物种小档案

蟹无敌

作者注：近年来，由于分子生物学等新的分类手段的运用和体系的建立，分类学正发生着日新月异的变化，使不少分类阶元和物种的拉丁学名都随之发生了变化，但其对应的中文名并未及时更新。因此，为了体现最新的分类学成果，本书中所有分类阶元的拉丁名以及物种的拉丁学名均采用国际最新的分类系统，并以权威海洋分类学数据库——世界海洋物种目录（WoRMS）为依据，而分类阶元及物种的中文名以学界定名为准，并秉承以下几个原则：1. 最新、权威、可追溯；2. 若暂无定名则不写，不随意自创，极个别合理的除外。

中　文　名：船蛆
拉　丁　名：*Teredo navalis*
科　　　名：船蛆科 Teredinidae
属　　　名：船蛆属 *Teredo*
别　　　名：凿船贝、凿船虫、船食虫
分布区域：分布于温带及热带海域，常在红树植物腐木中钻孔。

中　文　名：有孔团水虱
拉　丁　名：*Sphaeroma terebrans*
科　　　名：团水虱科 Sphaeromatidae
属　　　名：团水虱属 *Sphaeroma*
别　　　名：无
分布区域：多分布于红树林湿地，在红树植物树干和气生根里蛀洞生活。

中　文　名：黑海参
拉　丁　名：*Holothuria (Halodeima) atra*
科　　　名：海参科 Holothuriidae
属　　　名：海参属 *Holothuria*
别　　　名：黑怪参、黑狗参、黑参
分布区域：分布于潮间带沙质底或珊瑚礁区。

中　文　名：地毯海葵
拉　丁　名：*Stichodactyla haddoni*
科　　　名：大海葵科 Stichodactylidae
属　　　名：大海葵属 *Stichodactyla*
别　　　名：汉氏大海葵
分布区域：主要分布于潮间带低潮区至浅海的海草床和珊瑚礁及沙质海底。

第 5 回

中 文 名：中华五角海星
拉 丁 名：*Anthenea pentagonula*
科　　名：瘤海星科 Oreasteridae
属　　名：五角海星属 *Anthenea*
别　　名：无
分 布 区 域：主要分布于潮间带低潮区至浅海
　　　　　　水深 60 米以内的沙质海底。

第 6 回

中 文 名：条纹大刺蛇尾
拉 丁 名：*Macrophiothrix striolata*
科　　名：刺蛇尾科 Ophiotrichidae
属　　名：大刺蛇尾属 *Macrophiothrix*
别　　名：条纹刺蛇尾、条纹板刺蛇尾
分 布 区 域：分布于潮间带低潮区至浅海的
　　　　　　砾石或礁石区。

第 7 回

中 文 名：黑脸琵鹭
拉 丁 名：*Platalea minor*
科　　名：鹮科 Threskiornithidae
属　　名：琵鹭属 *Platalea*
别　　名：黑面鹭、黑琵鹭、琵琶嘴鹭
分 布 区 域：在潮间带、养殖塘、红树植物树冠
　　　　　　上，甚至撂荒农田中均可见。

第 8 回

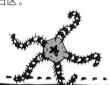

中 文 名：牛背鹭
拉 丁 名：*Bubulcus ibis*
科　　名：鹭科 Ardeidae
属　　名：牛背鹭属 *Bubulcus*
别　　名：黄头鹭、畜鹭、放牛郎
分 布 区 域：喜成群活动，常围在牛的周遭或站
　　　　　　在牛背上等待被惊扰飞起的昆虫。

第 9 回

中　文　名：苍鹭
拉　丁　名：*Ardea cinerea*
科　　　名：鹭科 Ardeidae
属　　　名：鹭属 *Ardea*
别　　　名：老等
分 布 区 域：分布于沿海滩涂、河流、湖泊及
　　　　　　稻田等多种湿地。

第 10 回

中　文　名：普通翠鸟
拉　丁　名：*Alcedo atthis*
科　　　名：翠鸟科 Alcedinidae
属　　　名：翠鸟属 *Alcedo*
别　　　名：鱼虎、鱼狗、钓鱼翁
分 布 区 域：分布于较开阔的湿地环境，站在
　　　　　　树枝或石头上静候猎物，俯冲入
　　　　　　水中捕捉鱼虾。

第 11 回

中　文　名：中杓鹬
拉　丁　名：*Numenius phaeopus*
科　　　名：鹬科 Scolopacidae
属　　　名：杓鹬属 *Numenius*
别　　　名：无
分 布 区 域：多见于沿海滩涂、堤岸、河口、
　　　　　　沼泽等湿地生境。

第 12 回

中　文　名：白头鹎
拉　丁　名：*Pycnonotus sinensis*
科　　　名：鹎科 Pycnonotidae
属　　　名：鹎属 *Pycnonotus*
别　　　名：白头翁
分 布 区 域：广泛分布于半红树植物群落、次
　　　　　　生林、灌丛、花园、果园、耕地
　　　　　　等各种环境，适应力极强。

第 13 回

中 文 名：海月
拉 丁 名：*Placuna placenta*
科　　名：海月蛤科 Placunidae
属　　名：海月蛤属 *Placuna*
别　　名：海镜、窗贝
分布区域：常分布于红树林林外泥沙质滩涂
　　　　　和浅海海底。

第 14 回

中 文 名：青角贝
拉 丁 名：*Dentalium aprinum*
科　　名：角贝科 Dentaliidae
属　　名：角贝属 *Dentalium*
别　　名：象牙贝
分布区域：分布于潮间带低潮线
　　　　　附近至浅海的沙质或
　　　　　泥沙质底。

第 15 回

中 文 名：红树蚬
拉 丁 名：*Geloina coaxans*
科　　名：蚬科 Corbiculidae
属　　名：红树蚬属 *Geloina*
别　　名：马蹄蛤、牛粪螺、牛屎螺
分布区域：分布于有淡水注入的潮间带高潮区
　　　　　淤泥质或泥沙质滩涂表层，在红树
　　　　　林遮阴区域更集中。

第 15 回

中 文 名：红树拟蟹守螺
拉 丁 名：*Cerithidea rhizophorarum*
科　　名：汇螺科 Potamididae
属　　名：拟蟹守螺属 *Cerithidea*
别　　名：网目海蜷、莫氏海蜷
分布区域：分布于潮间带高潮区滩涂，常攀
　　　　　附于红树植物树干基部或根系上。

中 文 名：伶鼬冠耳螺
拉 丁 名：*Cassidula mustelina*
科 　 名：耳螺科 Ellobiidae
属 　 名：冠耳螺属 *Cassidula*
别 　 名：无
分 布 区 域：多分布于红树林林内具大量腐殖质的滩涂上，有时也攀附于高度不超过 1 米的红树植物树干或根系上。

中 文 名：海陆蛙
拉 丁 名：*Fejervarya cancrivora*
科 　 名：叉舌蛙科 Dicroglossidae
属 　 名：陆蛙属 *Fejervarya*
别 　 名：食蟹蛙、海蛙
分 布 区 域：唯一一种分布于咸淡水区域的两栖类。白天多隐蔽在洞穴或红树林根系周围，傍晚才出来觅食。

中 文 名：长蛸
拉 丁 名：*Octopus variabilis*
科 　 名：蛸科 Octopodidae
属 　 名：蛸属 *Octopus*
别 　 名：章鱼、望潮、八带
分 布 区 域：分布于潮间带低潮区至浅海礁石区或泥沙质底。

中 文 名：白斑乌贼
拉 丁 名：*Sepia latimanus*
科 　 名：乌贼科 Sepiidae
属 　 名：乌贼属 *Sepia*
别 　 名：墨鱼
分 布 区 域：分布于水深 100 米以内的浅海水域，在珊瑚礁周围海域集群较多。繁殖期从深水区游向浅水区交配、产卵。

第 18 回

中 文 名：火枪乌贼
拉 丁 名：*Loliolus (Nipponololigo) beka*
科 名：枪乌贼科 Loliginidae
属 名：枪乌贼属 *Loliolus*
别 名：小鱿鱼、鱿鱼仔
分布区域：分布于沿岸岛礁周围水域，繁
殖期在内湾或河口产卵。

第 19 回

中 文 名：短蛸
拉 丁 名：*Amphioctopus fangsiao*
科 名：蛸科 Octopodidae
属 名：两鳍蛸属 *Amphioctopus*
别 名：饭蛸、坐蛸、短腿蛸、章鱼
分布区域：分布于潮间带低潮区至浅海礁
石区或泥沙质底。

第 20 回

中 文 名：拟太阳衣笠螺
拉 丁 名：*Xenophora solarioides*
科 名：衣笠螺科 Xenophoridae
属 名：衣笠螺属 *Xenophora*
别 名：缀壳螺
分布区域：分布于潮下带至浅海泥沙质或
石砾质底。

第 21 回

中 文 名：细雕刻肋海胆
拉 丁 名：*Temnopleurus toreumaticus*
科 名：刻肋海胆科 Temnopleuridae
属 名：刻肋海胆属 *Temnopleurus*
别 名：无
分布区域：分布于潮间带低潮区至浅海的沙
质或泥沙质底和礁石区。

中 文 名：东方翼海鳃
拉 丁 名：*Pteroeides bankanense*
科　　名：海鳃科 Pennatulidae
属　　名：翼海鳃属 *Pteroeides*
别　　名：中华棘海鳃、海扫把
分 布 区 域：分布于潮间带低潮区至浅海的
　　　　　　沙质或泥沙质底。

中 文 名：哈氏仙人掌海鳃
拉 丁 名：*Cavernularia habereri*
科　　名：棒海鳃科 Veretillidae
属　　名：仙人掌海鳃属 *Cavernularia*
别　　名：海仙人掌
分 布 区 域：分布于潮间带低潮区至浅海礁
　　　　　　石区或泥沙质底。

第 23 回

中 文 名：角木叶鲽
拉 丁 名：*Pleuronichthys cornutus*
科　　名：鲽科 Pleuronectidae
属　　名：木叶鲽属 *Pleuronichthys*
别　　名：鼓眼、猴子鱼、木叶鲽、砂轮、
　　　　　　眼板鲽
分 布 区 域：分布于水深 100 米以内的浅海泥
　　　　　　沙质底，偶见于潮间带。

第 24 回

中 文 名：黄鳍东方鲀
拉 丁 名：*Takifugu xanthopterus*
科　　名：鲀科 Tetraodontidae
属　　名：东方鲀属 *Takifugu*
别　　名：黄鳍多纪鲀、乖鱼、花河豚、
　　　　　　花龟鱼
分 布 区 域：分布于近岸中下层水域，幼鱼可
　　　　　　进入河口咸淡水水域。

中 文 名：皱纹盘鲍
拉 丁 名：*Haliotis discus hannai*
科 名：鲍科 Haliotidae
属 名：鲍属 *Haliotis*
别 名：盘大鲍、盘鲍螺
分 布 区 域：分布于潮间带低潮线附近至浅海
　　　　　　礁石区。

中 文 名：贝克喜盐草
拉 丁 名：*Halophila beccarii*
科 名：水鳖科 Hydrocharitaceae
属 名：喜盐草属 *Halophila*
别 名：无横脉喜盐草
分 布 区 域：分布于潮间带低潮区至浅海的沙
　　　　　　质或泥沙质底。

作者有话说

2001 年，我们创立了中国红树林保育联盟，致力于推动以红树林为主的滨海湿地的基础研究、保护、修复、公众参与和教育工作。在过去的二十年里，我们走进了上千个学校和社区，与数十万的受众互动，我们发现公众对于红树林和其他滨海湿地的认知异常匮乏，他们问的最多的三个问题是："红树林是红色的吗？""这是什么海洋生物？""您推荐哪些科普书籍？"

显然，滨海湿地及其生物多样性的科普工作仍任重道远。

寻找一种合适的题材，在保证科学性和前沿性的基础上，将生涩难懂的科学研究转化为通俗易懂的科普知识，并使其风趣灵动，老少咸宜，是提升公众意识的最佳途径。于是，2019 年 4 月，"红树慢漫画"诞生，并在公众号连载至今。

《我们赶海去》（1、2）两本书选择了部分已有的"红树慢漫画"故事进行改编更新，并创作了一些全新的物种故事。每一回分为漫画故事和"刘博士大讲堂"两部分，介绍的物种涵盖了红树植物、鸟类、鱼类、甲壳类、两栖类、贝类、棘皮动物等，系统介绍了滨海湿地及其生物多样性。

我们希望将二十年的科研、科普和保育经验浓缩成这本漫画科普书，在回答那三个最常见问题的同时，慢慢把海洋和滨海湿地的故事说给你听。

刘毅

图书在版编目（CIP）数据

我们赶海去. 2 / 刘毅, 林俊卿著; 林俊卿绘. --
北京：北京联合出版公司, 2022.5（2023.12重印）
　　ISBN 978-7-5596-6064-0

Ⅰ.①我… Ⅱ.①刘… ②林… Ⅲ.①海涂—海洋生
物—少儿读物 Ⅳ.①P745-49
　　中国版本图书馆CIP数据核字(2022)第052111号

我们赶海去 2

著　　者：刘　毅　林俊卿
绘　　者：林俊卿
出 品 人：赵红仕
选题策划：银杏树下
出版统筹：吴兴元
编辑统筹：周　茜
特约编辑：马永乐　雷淑容
责任编辑：夏应鹏
营销推广：ONEBOOK
装帧制造：墨白空间·杨阳

北京联合出版公司出版
（北京市西城区德外大街83号楼9层　100088）
后浪出版咨询（北京）有限责任公司发行
天津图文方嘉印刷有限公司印刷　新华书店经销
字数29千字　787×1092毫米　1/24　$7\frac{1}{3}$印张
2022年5月第1版　2023年12月第10次印刷
ISBN 978-7-5596-6064-0
定价：58.00元